ORGANISATION

DU

SERVICE DES AUTOPSIES A LA MORGUE

RAPPORTS

ADRESSÉS A MONSIEUR LE GARDE DES SCEAUX

Par le docteur P. BROUARDEL

PREMIER RAPPORT

Dans un premier rapport, en date du 15 juillet 1878, j'avais signalé à M. le Garde des Sceaux les *desiderata* que présente l'organisation actuelle des expertises médico-légales à la Morgue.

J'avais insisté sur ce point que cette organisation compromet par son insuffisance les intérêts de la justice et la réputation des experts. Je m'étais appuyé sur des faits empruntés aux expertises qui m'avaient été confiées et j'avais montré qu'elles étaient restées incomplètes parce que les locaux et l'outillage scientifique ne correspondaient pas aux besoins.

Comme ces exemples avaient été choisis parmi des expertises qui avaient donné lieu à des débats judiciaires, M. le Garde des Sceaux a pensé qu'il était convenable de ne pas les livrer à là publicité. Mais il m'a fait l'honneur de m'écrire une lettre dans laquelle il me priait de lui adresser un projet de réforme de l'organisation des expertises médico-légales à la Morgue.

Le but de ces projets était fixé par M. le Garde des Sceaux lui-même, je devais fournir un programme tel que les expertises médico-légales puissent être à l'avenir à l'abri de toute critique.

Je reproduis les parties essentielles des deux rapports que j'ai remis à M. le Procureur de la République et qu'il a envoyés à la chancellerie.

Je suis heureux de pouvoir ajouter qu'ils ont reçu sans réserve l'approbation de M. Dufaure, Garde des Sceaux.

DEUXIÈME RAPPORT

Monsieur le Procureur de la République,

J'ai eu l'honneur de vous adresser, le 15 juillet dernier, un rapport dans lequel j'appelais votre attention sur les *desiderata* que présente le service des autopsies à la Morgue, tel qu'il est actuellement organisé. Avant de proposer un plan, comprenant les réformes que je juge indispensables, je vous ai prié d'attendre que j'aie pu visiter les établissements consacrés à la médecine légale dans les pays étrangers. Vous avez accueilli avec bienveillance les remarques que je vous avais soumises et vous en avez signalé l'importance à M. le Garde des Sceaux.

Par une lettre, dans laquelle il résumait avec sa grande autorité l'objet de ma mission, M. le Garde des Sceaux m'a encouragé à faire ce voyage d'exploration scientifique. Grâce à sa haute approbation, j'ai trouvé partout auprès des autorités françaises et étrangères la plus grande facilité pour recueillir les renseignements qui m'étaient utiles. Je vous prie, Monsieur le Procureur de la République, de vouloir bien affirmer à M. le Ministre de la Justice que son intervention a aplani toutes les difficultés, et je vous prie de lui présenter l'expression de mes sentiments de reconnaissance personnelle.

Accompagné par deux de mes anciens élèves, les docteurs Edgard Hirtz et Emmanuel Lévy, qui ont mis à ma disposition leur habitude de l'observation scientifique et leur parfaite connaissance de la langue allemande, j'ai visité Nancy, Strasbourg, Heidelberg, Bonn, Berlin, Leipzig, Dresde, Prague, Vienne, Munich, Zurich, Genève et Lyon.

Il semble que, dans tous les pays, la nécessité de perfectionner l'outillage des expertises médico-légales se soit manifestée presque en même temps, car nous nous sommes croisés à Vienne avec M. le professeur Brunetti, de Rome, qui accomplissait officiellement, au nom du Gouvernement italien, un voyage analogue; quelque temps avant mon départ, je me suis rencontré à Paris avec M. le docteur Hardwicke, qui a pris une large part à la création de la Morgue de Londres et qui faisait en son nom privé une enquête sur le même sujet, et enfin à Genève j'ai vu M. le D' Gosse, professeur de médecine légale, qui se préparait à parcourir dans le même but les pays étrangers.

Je dois circonscrire, M. le Procureur de la République, les remarques que j'ai l'honneur de vous soumettre, dans les limites que vous-même avez assignées à ma mission. Le but était double : Recueillir tous les matériaux dont l'appropriation serait capable de porter à leur plus grande perfection possible les enquêtes médico-légales pratiquées à Paris; assurer en même temps l'instruction des élèves, de façon à préparer de bons experts pour l'avenir.

CONDITIONS PRINCIPALES DE L'EXPERTISE MÉDICO-LÉGALE
EN ALLEMAGNE ET EN FRANCE.

Une différence capitale distingue les établissements consacrés à la médecine légale en France et en Allemagne (empire Allemand et empire d'Autriche). En France, les autopsies judiciaires se font dans des Morgues, qui sont sous la direction de la justice, de l'administration de la police ou de l'administration municipale, mais en dehors de la direction du ministre de l'instruction publique. En Allemagne, actuellement, il n'y a pas de Morgue; la justice emprunte les locaux dont elle a besoin aux universités, et toutes les opérations médico-légales s'exécutent dans les instituts anatomiques. La justice emprunte également aux universités, pour en faire des experts, le personnel enseignant.

Ces deux modes d'organisation ont leurs inconvénients. En France, l'instruction pratique des élèves est restée insuffisante. Le plus souvent le médecin légiste commis par la justice n'a jamais assisté à une opération médico-légale, et il fait sans tradition et sans expérience ses premières expertises. Cette lacune est déplorable, et plusieurs tentatives ont été faites pour la combler. En 1834, M. Devergie a institué, pendant deux ans, je crois, des conférences pratiques à la Morgue. Malheureusement cet enseignement a été bientôt interrompu, et ce n'est que depuis l'an dernier que, grâce à la bienveillance du parquet, la Faculté de médecine a pu charger un de ses agrégés de faire des leçons pratiques. On verra plus loin ce qu'elles ont d'incomplet.

En ce moment, en France, la réforme tend donc avec raison à assurer l'instruction des élèves pour préparer des experts. Cette impulsion est légitime et doit être encouragée.

En Allemagne, la médecine légale est également en voie de réforme, mais dans un sens diamétralement opposé. Les établissements appropriés à la médecine légale, englobés dans l'université, ne se sont pas développés dans le sens médico-légal parce qu'ils étaient confondus avec ceux qui étaient consacrés à l'anatomie pathologique, et ce n'est que depuis quelques années qu'ils commencent à s'affranchir de cette tutelle. Les médecins légistes allemands et autrichiens ont donc soumis à leurs gouvernements des projets dans lesquels ils empruntent à la France l'institution des Morgues. M. le professeur Liman, de Berlin, et M. le professeur Hoffmann, de Vienne, m'ont promis de me donner communication de leurs projets. J'aurai l'honneur de vous les soumettre aussitôt que je les aurai reçus.

Bien que l'organisation de la médecine légale en Allemagne soit encore incomplète, notre visite n'a pas été infructueuse, car nous pouvons dire, en forçant un peu les termes, que si nous avons ce qui lui manque, en revanche, elle possède tout ce qui nous fait défaut.

En Allemagne et en Autriche, les autopsies médico-légales se font publiquement devant les médecins et les étudiants en médecine (il n'y a d'exception qu'à Munich). A Berlin, lorsque le délégué de la justice, qui assiste toujours à l'autopsie, croit qu'il y a intérêt à ce que les résultats de l'investigation anatomique restent secrets, il fait prêter serment aux élèves présents. A Vienne, la justice s'est réservé le droit de mettre son *veto* à la publicité de l'autopsie, mais M. le professeur de médecine légale Hoffmann nous a déclaré que, depuis trois ans qu'il exerce à Vienne, la justice n'a pas cru devoir user une seule fois de son droit de *veto*.

Je me permets d'appeler tout particulièrement l'attention de M. le Procureur de la République sur ce point. Je crois que, si l'on n'admet à la Morgue que les étudiants qui ont déjà quatre années d'études, la publicité aura bien peu d'inconvénients ; en tout cas, ils seraient limités par le droit de *veto*. J'ajouterai qu'une autopsie médico-légale pratiquée devant des élèves et des docteurs est nécessairement une autopsie complète et bien faite. A l'hôpital, disait un jour mon maître, M. le professeur Lasègue, l'élève est la sauvegarde du malade. On pourrait appliquer cette phrase aux expertises médico-légales. La présence de quelqu'un, même peu compétent, mais qui vous contrôle, et à qui on est obligé de démontrer la valeur que l'on attribue aux lésions, force à préciser et à réviser constamment avec les progrès de la science la détermination des signes sur lesquels on s'appuie.

C'est aux magistrats qu'il appartient d'apprécier dans quelles limites il faut se renfermer pour sauvegarder les intérêts de la justice, mais je suis convaincu que ces intérêts et ceux de l'enseignement sont les mêmes, et que ce serait se tromper que de croire à leur antagonisme.

En Allemagne et en Autriche, on pratique aussi publiquement l'autopsie de toutes les personnes qui meurent subitement sur la voie publique et même chez elles. Il ne serait pas dans nos mœurs de procéder ainsi, mais sur le point essentiel la réforme est accomplie. A l'occasion des conférences de médecine légale, le parquet a bien voulu nous autoriser à faire publiquement quelques autopsies médico-légales et à pratiquer l'autopsie des individus suicidés, noyés, pendus, etc., déposés à la Morgue. Il n'est pas nécessaire d'insister pour que l'on comprenne combien il est utile à l'instruction des élèves et même des experts de pratiquer l'examen anatomique de tous les sujets. Un exemple fera mieux comprendre l'importance de cette réforme. Il est rare que la pendaison soit opérée par une main criminelle, c'est habituellement un fait volontaire, un suicide. Or, lorsqu'il y a présomption d'un crime, l'expert se trouve en présence de lésions qu'il n'a pas l'habitude d'observer et dont par suite l'interprétation manque de certitude. A Vienne, M. Hoffmann fait par an cent autopsies pour des cas de médecine légale et cinq cents autopsies, dites de police sanitaire, comprenant les morts par suicide, les morts accidentelles, subites, etc. Un certain nombre de ces cadavres sont ouverts en sa présence par les élèves qui ambitionnent le titre de *kreis-physicus* (médecin de la circonscription, médecin cantonal). Ils font les rapports et pratiquent ainsi leurs premières opérations sous la direction du professeur.

A la Morgue de Paris, les différents experts font chaque année 200 autopsies médico-légales, et il est déposé en outre 400 cadavres (morts par suicide, morts accidentelles, subites, etc.). La justice dispose donc, à la Morgue, de moyens d'instruction plus nombreux que ceux des établissements que j'ai visités.

Lorsque l'installation sera améliorée, en utilisant toutes ces ressources, il est impossible que le maître de conférences de la Morgue ne parvienne pas à instruire pratiquement un nombre d'élèves suffisant pour fournir des experts dignes de ce nom à toute la France. On pourrait peut-être emprunter aux Allemands une autre institution : il suffirait d'en modifier la forme, de l'adapter à nos habitudes scolaires. Le titre de docteur et les examens pratiques, qui donnent le droit d'exercer la médecine en Allemagne, ne suffisent pas pour que l'on puisse devenir un *kreis-physicus*. Il faut justifier d'un stage de deux ans dans les hôpitaux et d'un an de service dans un asile d'aliénés, puis passer un examen spécial (1).

8 octobre 1878.

(1) Le projet d'organisation de la Morgue, qui terminait ce rapport, se trouve reproduit et développé dans le rapport suivant.

TROISIÈME RAPPORT

Monsieur le Procureur de la République,

Dans deux rapports, l'un du 15 juillet, l'autre du 8 octobre 1878, j'ai eu l'honneur d'appeler votre attention sur les *desiderata* que présente le service des autopsies médico-légales à la Morgue, tel qu'il est actuellement organisé.

Vous avez accueilli avec une bienveillance, dont je vous suis profondément reconnaissant, les remarques que je vous avais soumises, et vous avez bien voulu me prier de formuler dans leur détail les modifications que je sollicite.

Dans ce nouveau rapport j'aurai donc à justifier chacune des dépenses qu'entraîneront les modifications que je crois utiles. Dans un mémoire annexe, j'indiquerai leur importance lorsque je pourrai en préciser le chiffre.

Pour satisfaire aux différentes nécessités du service des autopsies, il faudrait :

1° Obtenir une conservation réelle des corps déposés à la Morgue ;

2° Améliorer la salle d'autopsie ;

3° Créer une chambre de microscopie ;

4° Créer une chambre de chimie ;

5° Réserver une chambre pour les expériences physiologiques, avec un petit chenil et une grenouillère;

6° Disposer un emplacement pour les préparations anatomiques que l'on voudrait conserver, et pour les moulages;

7° Former des collections de pièces anatomiques, de poisons et y joindre quelques livres.

CONSERVATION DES CADAVRES.

Il faut que les cadavres déposés à la Morgue puissent être maintenus à l'abri de la putréfaction pendant un temps presque indéfini.

Dans un certain nombre d'affaires criminelles, la justice a un intérêt capital à garder, pendant un temps prolongé, des cadavres ou des fragments de cadavre, dans un état de conservation tel qu'ils puissent être exposés sous les yeux du public jusqu'à ce que leur identité ait été établie. On a eu à regretter quelquefois que la putréfaction ait été trop rapide et par suite l'exposition trop courte.

Alors même que l'individualité du cadavre est connue, il peut être utile à la justice de tenir à l'abri de la décomposition le corps de la victime. Quand un crime a été commis, les marques des violences laissées sur le corps sont souvent les seuls caractères qui permettent de saisir les moyens employés pour l'accomplir. Actuellement, la crainte de laisser envahir le cadavre par la putréfaction oblige à pratiquer l'autopsie dans le plus bref délai. On pourrait au contraire, si l'on possédait des moyens de conservation suffisants, reproduire avant l'autopsie l'aspect des lésions extérieures par le dessin ou même par la peinture et graver ainsi définitivement des stigmates dont la meilleure description ne donnera jamais qu'une idée très vague.

Lorsqu'une autopsie a été pratiquée, quel que soit le soin que l'expert ait apporté dans l'accomplissement de sa mission, il surgit souvent pendant l'instruction des circonstances qui obligent à de nouvelles recherches; de là des exhumations parfois répétées qui peuvent être infructueuses à cause de l'état de décomposition du cadavre. Il en est ainsi, notamment, lorsque, dans des cas d'intoxication, l'accusé demande que les recherches des premiers experts soient soumises à de nouvelles épreuves.

Il est inutile de multiplier les exemples, ceux-ci suffisent à prouver combien la justice est intéressée à utiliser les meilleurs moyens de conservation du corps.

Nous devons ajouter que la Morgue ne reçoit pas seulement les cadavres sur lesquels il y a lieu de faire des expertises médico-légales; elle reçoit journellement les corps des individus suicidés ou morts accidentellement sur la voie publique (1).

Lorsque leur identité n'est pas établie, actuellement, on place les corps dans la salle d'exposition sous les yeux du

---

(1) Le tableau suivant donnera une idée du mouvement des corps à la Morgue pendant les cinq dernières années :

	Nombre des corps déposés.	Nombre des autopsies médico-légales.
1874............	565	210
1875............	595	205
1876............	614	234
1877............	629	239
1878............	620	181

jusqu'au 1er octobre.

public. Ils y restent réglementairement 72 heures. A ce moment leur putréfaction est si avancée que l'on doit les retirer. On les transporte dans la salle de dépôt non exposée au public. Ils ne peuvent plus, dès lors, être examinés que par des personnes qui cherchent un des membres de leur famille ou un ami disparu, et qui, par quelque indice, font supposer que le cadavre déposé doit être celui qui est l'objet de leurs recherches. Bientôt la putréfaction est telle que, reconnu ou non, le cadavre doit être enlevé même de la salle de dépôt et enterré.

Lorsque l'identité est établie, la Morgue doit encore assez souvent garder pendant un certain temps les cadavres qui y sont déposés. Ceux-ci, en effet, y séjournent jusqu'à ce que les familles aient décidé si elles réclament le cadavre, si elles l'abandonnent, et aient rempli des formalités quelquefois très longues lorsque les parents ou les amis n'habitent pas Paris.

Ces *considérations sommaires* suffisent pour démontrer que la conservation de certains cadavres pendant un temps indéfini est parfois indispensable à l'action de la justice ; et que leur conservation pendant un temps prolongé est toujours réclamée soit par l'intérêt de la justice, soit par celui des familles.

Ajoutons que les cadavres qu'il faut surtout préserver de la putréfaction sont ceux dont l'identité reste ignorée, c'est-à-dire ceux que l'on doit placer sous les yeux du public.

Il nous reste à examiner s'il existe un procédé capable de conserver les corps pendant un temps illimité, et si ce procédé peut être appliqué à la Morgue dans la salle d'exposition.

Nous n'avons pas à passer en revue et à soumettre à

une critique de détail la longue liste des procédés par lesquels on a cherché à résoudre le problème en injectant dans les corps des substances antiputrides ou en les entourant de substances analogues à l'état liquide ou à l'état gazeux. Nous rejetons tous ces procédés en bloc, parce que les recherches médico-légales, surtout lorsqu'il y a intoxication présumée, exigent qu'aucune matière chimique ne soit mise au contact extérieur ou intérieur du cadavre. Quelles que soient la nature, la pureté et la composition bien déterminée des produits employés, on ne saurait dire actuellement quelle serait leur action sur la matière organique, et quelle pourrait être leur influence sur la formation des alcaloïdes qui se développent spontanément dans les cadavres en putréfaction ; la découverte de ces alcaloïdes est encore trop récente pour que leurs affinités chimiques aient pu être déterminées.

Il faut donc renoncer à tous ces moyens chimiques ; à défaut de la chimie, on peut employer d'autres procédés. On peut placer les cadavres dans des conditions physiques absolument contraires à la putréfaction, et celles-là sont incapables de produire dans la matière organique une modification quelconque. Elles arrêtent les actions chimiques et elles n'en créent pas. Ces conditions se trouveraient réalisées par le dépôt des cadavres dans un milieu d'air froid et sec.

Dans mon rapport du 8 octobre, je disais que l'on ne pourrait, à la Morgue actuelle, établir une grande glacière analogue à celles qui sont construites dans les instituts anatomiques de l'Allemagne, et j'exprimais la crainte que cette impossibilité ne rendît nécessaire le déplacement de la Morgue. Aujourd'hui, je crois devoir vous soumettre une proposition qui, considérée sous son point de vue scientifique, me paraît répondre à toutes les exigences du programme que j'ai exposé plus haut.

Après avoir visité les fabriques dans lesquelles on a créé des chambres dont la température ne s'écarte pas de plus de deux ou trois degrés au-dessus ou au-dessous du zéro du thermomètre, après avoir pris l'avis des savants les plus compétents, de ceux en particulier qui ont eu l'occasion d'utiliser, pour leurs travaux, des chambres refroidies, nous croyons pouvoir dire que le procédé de M. Tellier remplit les conditions indispensables. Le but de cet inventeur est de conserver pendant un temps très long des viandes dans un état tel qu'elles puissent servir à l'alimentation. Pour cela il les place dans de grandes chambres refroidies à l'aide de l'éther méthylique. Cette substance n'est pas répandue dans l'atmosphère, elle est captée dans des tuyaux dans lesquels elle circule, et l'air de la chambre est maintenu à l'état sec précisément parce qu'il est froid et qu'à zéro l'air ne contient pas de vapeur d'eau.

L'expérience est faite, nous avons vu des viandes conservées par ce procédé et six mois après leur emmagasinement elles ne présentaient pas trace de putréfaction. Nous pouvons ajouter que sorties des chambres de conservation, après un séjour de quelques mois, puis exposées à l'air, ces viandes ne se corrompent plus, ce qui peut s'expliquer par ce fait qu'elles ont perdu 20 pour 100 de leur eau de composition.

Nous ne pouvons mieux faire pour apprécier les résultats de cette expérience que de citer quelques extraits du rapport lu à l'Institut, au nom d'une commission composée de MM. Milne Edwards, Peligot, Bouley, rapporteur (*Comptes rendus de l'Académie des sciences*, t. 79, 1874, p. 739).

« Ces matières, dit le rapporteur, ont été des viandes de boucherie, des volailles, des pièces de gibier et des crustacés. Introduites fraîches dans la chambre froide, elles y demeurent exemptes de toute putréfaction, et si, lorsqu'elles sont mises en expérience, déjà la fermentation putride s'y était établie, ce mouvement s'arrête immédiatement.....

» La durée de la conservation des matières organiques dans la chambre froide peut être considérée comme indéfinie au point de vue de la putrescibilité : mais il n'en est pas tout à fait de même au point de vue de la comestibilité. Dans les quarante ou quarante-cinq jours, les viandes de boucherie conservées par le froid retiennent parfaitement leurs qualités comestibles. Il est même vrai de dire qu'elles s'améliorent à ce point de vue pendant la première semaine, en ce sens que, tout en conservant leur arome, elles acquièrent plus de tendreté et sont par cela même plus facilement digestibles, etc.

» Ces conditions sont telles que des pièces de volaille et de gibier restent imputrescibles quand bien même on les conserve entières, c'est-à-dire sans en extraire les intestins. Malgré l'amas de matières fermentescibles que renferme l'appareil intestinal, aucun phénomène de putréfaction ne se manifeste et le foie lui-même conserve ses qualités comestibles, quoiqu'il soit au voisinage immédiat de ces matières.

» Tel est l'ingénieux procédé de conservation des matières organiques, et particulièrement des viandes de boucherie, dont M. Tellier a donné communication à l'Académie. Votre commission l'a reconnu efficace dans les conditions où elle l'a vu appliquer. Mais elle croit devoir faire toutes ses réserves sur les applications industrielles qui pourront en être faites. L'expérience seule peut prononcer sur sa valeur économique.

» Quel que soit l'avenir qui, à ce point de vue, puisse être réservé à ce procédé, votre commission vous propose d'adresser des remercîments à son inventeur, pour la communication très digne d'intérêt qu'il en a faite à l'Académie. »

« Les conclusions de ce rapport sont mises aux voix et adoptées. »

Nous ferons remarquer que les réserves faites par la commission sur l'emploi de ce procédé ne portent que sur sa valeur au point de vue de la comestibilité des viandes et au point de vue économique, mais que sa puissance antiputride lui paraît démontrée.

Si ce système de conservation des corps est appliqué à la Morgue, nous pouvons dire que le problème sera résolu *d'une façon beaucoup plus parfaite que dans tous les instituts que nous avons visités à l'étranger.*

Nous avons établi plus haut que les corps dont il faut arrêter indéfiniment la putréfaction sont ceux qui doivent rester exposés au public, ceux dont l'identité n'est pas reconnue. C'est donc la salle d'exposition qu'il faut maintenir à une température voisine de zéro. Pour ne pas multiplier les frais, on poucra déposer dans la partie postérieure de cette chambre les cadavres reconnus, ceux que l'on ne garde que pour éviter des inhumations; il suffira de les soustraire par un artifice assez simple aux regards du public. On utiliserait ainsi pour l'universalité des corps qui traversent la Morgue le système employé, et une seule chambre de refroidissement serait suffisante.

En n'envisageant la question qu'au point de vue de l'intérêt de la justice, nous pouvons dire que le procédé Tellier paraît résoudre scientifiquement le problème de la conservation des cadavres pendant un temps illimité. Mais il reste une difficulté financière. La salle dans laquelle les cadavres sont placés sous les yeux du public est d'un bel effet architectural, mais elle est très vaste. Elle contient 500 mètres cubes. Pour maintenir un aussi large espace à une température dont les oscillations ne dépassent pas deux à trois degrés autour de zéro, avec des substances et des précautions qui empêchent la buée de se déposer sur les vitres, M. Tellier a fait un devis dont le total s'élève à la somme de 51 866 fr. 40 c.

Je ne me dissimule pas que ce chiffre doit paraître et est, en réalité, très élevé. Deux considérations vous feront, je l'espère, penser qu'il y a pourtant lieu d'accepter cette proposition : la certitude que par le procédé Tellier les cadavres seront soumis à une conservation indéfinie; la conviction que, si nous n'arrivons pas à mettre les corps à l'abri de la putréfaction, la création d'une autre Morgue s'imposera bientôt.

DISPOSITIONS ACCESSOIRES DE LA SALLE D'EXPOSITION.

La salle d'exposition contient douze tables, disposées sur deux lignes; chacune de ces tables est séparée de ses voisines par un espace qui mesure 1^m,20.

Nous adresserons une critique à la disposition actuelle de ces tables : elles sont trop basses. Nous demandons qu'elles soient de la même hauteur que la table d'autopsie et qu'il y ait de plus une table roulante de la même hauteur destinée à porter les corps de la salle d'exposition à la salle d'autopsie. Les corps pourront ainsi être transportés d'un lieu à l'autre, sans que les garçons de service aient d'efforts à accomplir pour les déplacer, et ils ne seront plus alors soumis à des frottements ayant pour conséquence des érosions de la peau dont l'expert doit ensuite déterminer la valeur.

On pourrait, d'ailleurs, remplacer toutes ces dalles en marbre par des tables en tôle émaillée, munies d'une crémaillère pour permettre de leur donner une inclinaison favorable pendant qu'elles seraient dans la salle d'exposition. Si cette substitution était admise, chacune de ces tables, très-légère, mobile, placée sur roulettes, deviendrait au besoin une table roulante; cette dernière serait inutile.

Ces tables mobiles présenteraient encore un autre avantage. On a vu que sur une longueur de 12 mètres, actuellement, on n'a disposé que six dalles; avec ces tables mobiles, on pourrait, lorsque le service l'exigerait, les serrer davantage; on en placerait facilement huit ou dix sur une même ligne si cela était nécessaire.

Derrière le premier rang de ces tables, un rideau montant à $2^m,50$ cacherait le second rang aux yeux du public. On disposerait ainsi de 16 à 20 dalles, chiffre plus que suffisant pour parer à toutes les éventualités.

M. le Procureur de la République jugera s'il ne serait pas utile de disposer dans un angle de la salle des cases spéciales pour les cadavres déjà autopsiés, mais conservés en vue d'une contre-expertise possible. Ceux-ci seraient alors soustraits à tout contact et placés sous scellé.

SALLE D'AUTOPSIE.

Si tous les cadavres se trouvent réunis dans la salle d'exposition aménagée à cet effet, la salle de dépôt actuel devient libre. Nous pensons qu'on devra en faire la salle d'autopsie.

Malheureusement, comme les autres salles de la Morgue, elle est mal éclairée; nous demandons qu'un vitrage supérieur laisse tomber directement le jour sur la table d'autopsie.

Il faudrait que cette table fût en ardoise, tournante, légèrement convexe, entourée d'une rigole circulaire dans laquelle se collecteraient les liquides sortant du cadavre. Des orifices latéraux nombreux les mèneraient dans des tubes qui se réuniraient au pied de la table, et de là directement dans un caniveau, en sorte qu'aucune goutte d'eau ne tomberait à terre.

Au-dessus de la table, on placerait des conduits terminés par des tubes en caoutchouc amenant en abondance l'eau propre sur le cadavre, de façon que l'expert pût constamment, sans transporter les pièces à examiner, les soumettre à un lavage sur place.

Au-dessus de la table, on établirait un système d'éclairage au gaz suffisant pour que l'expert ne soit pas forcé d'interrompre une autopsie, si la lumière du jour venait à manquer.

Devant les fenêtres on placerait deux tablettes à dissection, plus basses que la table d'autopsie, qui permettraient de terminer assis la dissection des pièces qui nécessitent un examen minutieux.

Un réservoir en fonte émaillée contenant deux cents litres environ d'eau distillée devrait être placé de façon que son conduit d'écoulement fût accolé à celui de l'eau ordinaire qui vient se déverser sur la table d'autopsie. Lorsqu'il y a présomption d'intoxication, il est indispensable de ne laver les organes qu'avec de l'eau distillée. Si la preuve de l'empoisonnement ne se trouve que dans la constatation d'une dose presque infinitésimale d'un toxique minéral ou végétal, on ne peut se servir pour l'autopsie d'une eau qui a traversé tous les conduits de la ville de Paris, puis a séjourné dans des réservoirs métalliques et enfin parcouru des tuyaux de plomb, des robinets de cuivre, etc.

Dans la salle d'autopsie, il faut placer une vitrine contenant les instruments nécessaires : couteaux, scies, balances, seringues à injection, etc. Cette armoire devrait être fermée par des vitres permettant de constater l'état d'entretien et l'absence des instruments dont chacun occuperait une place désignée.

Dans cette vitrine il serait utile de placer une réserve de bocaux de diverses dimensions, pour la mise sous scellé des pièces recueillies pendant l'autopsie, et d'autres contenant des liquides conservateurs tout préparés, de sorte que, pendant une autopsie, on puisse y déposer des fragments de viscères que l'on aura peut-être plus tard à examiner au microscope. Souvent, en effet, la nécessité de cet examen n'est pas de suite évidente ; ce n'est qu'après une expertise chimique qu'elle apparaît, et alors les viscères sont dans un état de putréfaction qui rend les observations peu fructueuses.

On disposerait aussi dans cette salle un lavabo et un appareil de chauffage.

Toutes ces dispositions sont indispensables pour que les autopsies médico-légales soient faites convenablement. Si les élèves doivent assister à l'autopsie, il faut les placer dans des conditions qui leur permettent de voir sans entourer le professeur. Une autopsie dure en général une heure et demie et quelquefois trois heures ; lorsque trente ou quarante élèves, curieux de voir, se pressent les uns contre les autres, le professeur n'est plus que l'un d'eux, il est comprimé comme eux, et il sort exténué d'une séance pendant laquelle il est resté forcément debout, cherchant les lésions, en discutant la valeur et soumis à une pression excusable, mais fatigante.

Autour de la table d'autopsie on pourrait construire un petit amphithéâtre ayant la forme d'un fer à cheval, formé par trois ou quatre zones assez serrées, dans lesquelles les élèves se tiendraient presque debout, accoudés sur une rampe en fer couverte en bois. Il serait facile de disposer cet amphithéâtre de façon que l'œil de l'élève le plus élevé ne fût pas à plus de 1^m,50 de la table d'autopsie. Dans la première zone, on disposerait deux sièges avec pupitre, dont l'un pourrait être occupé par le représentant de l'ordre judiciaire qui assisterait à l'autopsie, et l'autre par le secrétaire de l'expert qui écrirait sous sa dictée.

CHAMBRE DE MICROSCOPIE.

Certaines déterminations microscopiques doivent souvent succéder à une autopsie, elles peuvent être indispensables, et il faut les faire sur place. L'expert, en effet, ne peut emporter chez lui des pièces répugnantes ou trop volumineuses, et des transports trop multipliés ne sont d'ailleurs pas sans inconvénients au point de vue des garanties légitimement requises par la justice.

C'est à la Morgue que doivent donc se faire : 1° Les examens microscopiques qui suivent naturellement une autopsie complète : liquides de l'organisme, sang, mucus de diverses cavités, contenu de l'estomac, ou examen des viscères à l'état frais ; 2° Les examens des scellés souillés de tâches, chemises, vêtements, objets de litérie, draps, etc.

Dans ce laboratoire se feraient aussi les examens spectro-scopiques, et en général les recherches qui ne nécessitent qu'un outillage peu compliqué, qui n'exigent pas l'emploi de procédés dispendieux ne pouvant être utilisés que dans des laboratoires placés sous la direction de savants spéciaux.

Le matériel nécessaire à ces recherches comprend : deux microscopes ordinaires, un microscope plus complet, un spectroscope, quelques instruments et réactifs, des tables pour microscope, un meuble à tiroirs pour conserver les préparations, une petite cuve à eau, de petits flacons pour les pièces à durcir, quelques chaises, un appareil à chauf-fage, une installation de gaz.

L'éclairage nécessaire pour les microscopes obligera à baisser le niveau des fenêtres. Il serait désirable que des volets permissent au besoin de faire une chambre noire.

La salle d'autopsie actuelle pourrait être affectée aux examens microscopiques.

CHAMBRE DE CHIMIE.

Dans une seconde chambre, que l'on pourrait construire sur le terrain inoccupé qui touche à l'ancienne salle d'au-topsie, on disposerait quelques instruments nécessaires pour faire les examens chimiques complémentaires des recherches anatomiques : analyse de l'urine, des matières extraites de l'estomac, en un mot de quelques analyses élé-mentaires.

Il faudrait y placer une petite étuve à dessiccation, l'appa-reil à distillation de l'eau.

Nous ne demandons pour ces diverses chambres que ce

qui est indispensable pour conduire à bien une expertise, il n'est pas question de construire des laboratoires de recherche ou d'instruction : nous admettons que ceux-ci ne sont bien placés que dans les Facultés, sous la direction de savants compétents, seuls capables de donner aux travaux une impulsion scientifique. Nous ajouterons que les laboratoires de la Morgue doivent rester des laboratoires de premières recherches ; en effet, la justice charge de ses expertises, non pas un seul docteur ou chimiste, mais plusieurs, et tous ceux qui ont fréquenté des laboratoires savent qu'il est impossible que ces établissements donnent des résultats, si plusieurs personnes y sont admises avec des titres égaux.

Il faut cependant que l'outillage soit assez complet pour que l'on fasse les recherches dont on ne saurait retarder le moment sans en compromettre le résultat. Ainsi dans certaines intoxications, par les sels d'acide prussique, par exemple, le cyanure de potassium, de mercure etc., il est indispensable d'avoir à sa disposition quelques réactifs propres à déceler immédiatement la nature du poison, parce qu'un examen trop tardif laisserait échapper les traces d'un toxique essentiellement volatil.

Dans cette chambre, on devrait donc placer un fourneau avec hotte et couronne de gaz, une table en fonte émaillée, des balances de précision, un alambic pour eau distillée à niveau constant, des étuves et une quantité de petits instruments, tubes, flacons, éprouvettes, etc., dont le détail se trouve dans le mémoire annexe.

CHAMBRES POUR LES EXPÉRIENCES PHYSIOLOGIQUES MÉDICO-LÉGALES.
CHENIL. — GRENOUILLÈRE.

Dans cette chambre, nous mettrions une vitrine destinée à conserver les pièces à examiner recueillies par chaque expert. Chacun d'eux aurait sa vitrine et sa clef particulières.

La Morgue doit être pourvue de trois à quatre loges à chiens, d'autant pour des lapins et d'un petit aquarium pouvant contenir une vingtaine de grenouilles.

Dans les expériences relatives aux intoxications, les expériences directes sur les animaux sont indispensables, surtout dans les empoisonnements par les alcaloïdes.

Pour ces derniers poisons, surtout depuis la découverte des alcaloïdes spontanément développés dans les cadavres en putréfaction, cette nécessité est aujourd'hui impérieuse et à leur recherche par les lésions anatomiques et les réactifs chimiques il faut adjoindre l'expertise par les procédés physiologiques. Les beaux travaux de M. le professeur Marey, sur les alcaloïdes et sur leur influence sur les muscles et le cœur, étudiés par la méthode graphique, montrent qu'il y a toute une méthode de recherches toxicologiques qui est encore inexplorée. Notre inexpérience sur ce point ne peut s'excuser que par l'absence de laboratoire physiologique appliqué aux expertises médico-légales ; elle doit cesser.

Nous demandons, par conséquent, quelques instruments, dont les principaux sont : des piles, une bobine d'induction, un cylindre enregistreur de Marey, un cardiographe, un myographe, un galvanomètre, un petit moteur à eau ($1/20^e$ de cheval).

Ces instruments seraient placés dans une chambre spéciale dont l'emplacement se trouve naturellement désigné dans les terrains non bâtis après la chambre qui serait affectée à la chimie.

Dans l'angle restant on mettrait le petit chenil et la grenouillère.

EMPLACEMENT POUR LA PRÉPARATION DES PIÈCES ANATOMIQUES ET LES MOULAGES.

Nous voudrions qu'une petite cour, voisine de la salle d'autopsie actuelle, fût disposée de façon à y pratiquer toutes les opérations qui répandent une odeur trop désagréable ou des émanations nuisibles. Il est en effet quelquefois dangereux de faire dans un espace clos certaines autopsies de cadavres sortis de l'eau en putréfaction ou exhumés après un long séjour en terre. Nous et les assistants avons été récemment malades après une opération de ce genre. Il faut donc ouvrir ces cadavres presque en plein air; en protégeant par un vitrage cette petite cour, on aurait un emplacement favorable à ces opérations particulièrement nuisibles.

Nous proposons de porter dans cette petite cour la table qui sert actuellement aux autopsies.

On y préparerait également les pièces anatomiques que l'on jugerait utile de conserver, en particulier des os, des squelettes de fœtus, de nouveau-nés, d'enfants, etc. Ces pièces sont indispensables à la Morgue. Ainsi, par exemple, rien n'est plus difficile que de déterminer, autrement que par l'état du squelette, l'âge d'un enfant de quelques mois: actuellement il n'y a pas un seul squelette d'enfant ou d'adulte à la Morgue.

Dans cette chambre on pourrait également faire les moulages.

Les instruments nécessaires à ces préparations sont peu nombreux et peu coûteux : une cuve à cascade, un appareil à benzine pour dégraisser les os, quelques grattoirs, une vrille pour montage des pièces.

LIVRES. — COLLECTIONS DE PIÈCES ANATOMIQUES, DE POISONS, ETC.

Dans tous les laboratoires consacrés à la médecine légale en Allemagne, nous avons trouvé une bibliothèque composée de quelques volumes. La partie utile de ces livres est surtout constituée par les tables qui donnent des mesures, des poids, des dates pour les points d'ossification des squelettes, etc. Il faut pouvoir consulter ces documents, séance tenante, pendant l'autopsie. On ne saurait demander à la mémoire de l'expert de conserver le souvenir de tous ces détails et de ces chiffres, pas plus que l'on n'exigerait d'un mathématicien qu'il retînt dans sa mémoire la table des logarithmes.

La Morgue doit de plus posséder une collection de toutes les pièces intéressantes qui sont journellement examinées. Je n'entends pas en ce moment créer un musée, mais réunir des pièces que l'on puisse prendre dans les bocaux, montrer et comparer chaque fois que cela est nécessaire. Pour les préparations osseuses, il n'y a pas de difficulté, leur conservation est indéfinie, mais pour les préparations de parties molles, plus altérables, il faut les placer dans des flacons remplis de liquide conservateur. Je demanderai que ces flacons soient à large embouchure, remplis d'alcool et fermés à l'émeri. Ce procédé nécessite une surveillance journalière et un emploi d'alcool assez considérable, parce que l'évaporation oblige à remplir souvent le flacon, mais il a l'avantage de permettre de consulter les pièces conservées, tandis que le lutage hermétique, plus économique, rend presque illusoires les services que l'on demande à ces collections. Une pièce que l'on ne peut extraire du bocal est une pièce qui ne sera jamais examinée.

Enfin, je voudrais qu'il y eût sous les yeux des experts et des élèves une double collection de poisons minéraux et végétaux ; l'une montrerait le poison sous la forme qui est habituellement employée par une main criminelle, l'autre le présenterait à l'état de pureté. Quelques flacons seraient nécessaires pour constituer cette collection, ainsi qu'un herbier composé de quelques feuillets. Je connais assez l'obligeance de mes maîtres de la Faculté de médecine pour être sûr que, dès que le désir leur en serait exprimé, chacun d'eux s'empresserait de fournir à la justice toutes les collections qu'elle croirait utiles.

Des vitrines et un porte-objet à pivot tournant constitueraient le matériel nécessaire à l'organisation de ces collections. On pourrait les placer dans la salle dite des magistrats.

Telles me paraissent être, Monsieur le Procureur de la République, les nécessités d'organisation d'un établissement consacré à la médecine légale et présentant toutes les conditions requises dans l'état actuel de la science pour que les opérations médico-légales se trouvent placées au-dessus de toute critique.

22 novembre 1878.

Ces deux rapports, après avoir reçu l'approbation de
M. le Garde des Sceaux, ont été envoyés au Conseil général
de la Seine qui a bien voulu voter la dépense nécessaire.

Je joins à ces pièces le rapport de M. Masse (séance du
27 déc. 1878).

Comme on le verra, le Conseil avait pensé que la dépense
devait être supportée moitié par le département, et moitié
par les ministères de la justice et de l'instruction publique;
il paraît que le ministère de la justice pense que c'est le
Conseil général qui doit fournir les bâtiments et le mobilier
à la justice, et il refuse jusqu'à ce jour sa coopération.
Quant au ministère de l'instruction publique, il a accordé
une somme de 35 000 francs pour l'installation du matériel
scientifique et du petit amphithéâtre.

Le Conseil général saisi de nouveau de la question, à sa
session d'avril, a autorisé le Préfet de la Seine à faire com-
mencer les travaux, sauf à continuer les négociations avec
le ministère de la justice.

RAPPORT

PRÉSENTÉ

PAR M. **MASSE**, AU NOM DE LA PREMIÈRE COMMISSION (1).

MODIFICATIONS

A APPORTER

AUX DISPOSITIONS INTÉRIEURES DE LA MORGUE

(Séance du 27 décembre 1878.)

MESSIEURS,

M. le Préfet de la Seine nous a saisis de la question de modifications à apporter aux dispositions intérieures de la Morgue par un mémoire ainsi conçu :

MESSIEURS,

« J'ai l'honneur de vous soumettre un projet relatif à différentes modifications qu'il y aurait lieu d'introduire dans les dispositions intérieures du bâtiment de la Morgue.

(1) La 1ʳᵉ commission (*Immeubles départementaux*) est composée de MM. Engelhard, *Président;* Masse, *Secrétaire;* Cernesson, Cusset, Hattat, Jobbé-Duval, Liouville, Maillard, Manet, Réty, Sick, Viollet Le Duc.

» Ce projet comprend : 1° le nouvel aménagement de la salle d'autopsie et l'application du système frigorifique à la conservation des corps ; 2° la création de laboratoires d'histologie, de chimie et de moulage ; 3° la formation d'une bibliothèque, d'une collection de pièces anatomiques et d'un herbier ; 4° l'établissement d'un chenil et d'une grenouillère.

» Les modifications qu'il s'agit d'apporter au bâtiment de la Morgue ont été signalées à M. le Procureur de la République, par M. le docteur Brouardel, qui, dans deux rapports ci-joints, en a fait ressortir toute l'utilité au point de vue de la conservation des corps, des autopsies et des expériences médico-légales. M. le Procureur de la République a soumis le projet à M. le Garde des Sceaux, qui y a donné son entière approbation.

» Les plans et devis qui composent ce projet, dressés par l'architecte de la Préfecture de Police, ont été examinés par l'architecte de mon Administration qui, après une visite des lieux avec M. le docteur Brouardel, a reconnu qu'ils répondaient parfaitement à tous les besoins signalés, et que, sauf quelques modifications de détail, ils étaient facilement réalisables. Toutefois, il serait nécessaire de prévoir une légère augmentation du chiffre de dépense porté au devis, pour pouvoir faire face aux travaux imprévus, tels que fonçage des puits, établissement d'un plateau de béton, que la nature instable du sol sur lequel s'élève le bâtiment de la Morgue pourra nécessiter au cours de l'exécution des travaux.

» La dépense qu'il y a lieu de prévoir est d'environ 140 000 francs.

» Je dois vous faire remarquer, Messieurs, que les travaux qui font l'objet du présent mémoire intéressent à la fois le Ministère de la Justice et celui de l'Instruction publique ; il y aurait lieu, dès lors, de demander à ces deux Administrations de participer à la dépense qui en résultera, dans une proportion qui serait fixée ultérieurement.

» En conséquence, je vous prie, Messieurs, de vouloir bien : 1° approuver l'exécution des travaux dont il s'agit, avec imputation de la dépense, dans la limite d'une somme de 140 000 francs sur le crédit inscrit au budget rectificatif de 1878, sous-chap. XIV, art. 29 (Réserve pour dépenses imprévues) ; 2° m'autoriser à entrer en négociations avec MM. les Ministres de la Justice et de l'Instruction publique en vue d'obtenir leur participation dans la dépense ci-dessus indiquée.

» J'ai l'honneur, Messieurs, de vous soumettre le dossier de cette affaire et je vous prie de vouloir bien en délibérer.

» Paris, le 26 décembre 1878.

» *Le Préfet de la Seine,*

» FERDINAND DUVAL. »

Votre première Commission, Messieurs, pense qu'il y a lieu d'accueillir le projet qui vous est soumis ; seulement, comme la nouvelle installation de la Morgue aura un caractère d'intérêt général, comme l'enseignement de médecine légale qui sera professé dans cet établissement intéressera non-seulement Paris, mais la France entière, elle est d'avis que la participation de l'État devra être fixée à la moitié de la dépense, et elle vous propose de prendre la délibération suivante :

PROJET DE DÉLIBÉRATION.

Le Conseil,

Vu le mémoire en date du 26 décembre 1878, par lequel M. le Préfet de la Seine lui soumet un projet de travaux à exécuter à la Morgue pour l'aménagement d'une salle d'autopsie et la création d'un appareil frigorifique ; la création de laboratoires d'histologie, de chimie et de moulage ; d'une bibliothèque, d'un herbier, d'un chenil et d'une grenouillère ; et demande à être autorisé à solliciter des Ministres de la Justice et de l'Instruction publique leur participation dans la dépense à faire ;

Vu les plan et devis des travaux dont il s'agit ;

Vu le rapport de l'architecte,

Délibère :

Art. 1er. — Les plan et devis des travaux à exécuter à la Morgue pour la réalisation des modifications et créations ci-dessus énumérées sont approuvés dans la limite d'une dépense de 140 000 francs.

Art. 2. — M. le Préfet de la Seine est autorisé à entrer en négociations avec MM. les Ministres de la Justice et de l'Instruction publique, en vue d'obtenir la participation de l'État dans la dépense dont il s'agit, pour moitié.

Art. 3. — Cette participation obtenue, M. le Préfet est autorisé à affecter à l'exécution de ces mêmes travaux la somme de 140 000 francs qui sera imputée sur le budget départemental rectificatif de 1878, sect. 14, art. 29 (Réserve pour dépenses imprévues).

Art. 4. — La somme de 70 000 francs, fournie par l'État, sera inscrite en recettes au budget du Département.

Le Rapporteur, MASSE.

PARIS. — IMPRIMERIE ÉMILE MARTINET, RUE MIGNON, 2.

9 782013 023184